BEI GRIN MACHT SICH IHR WISSEN BEZAHLT

- Wir veröffentlichen Ihre Hausarbeit, Bachelor- und Masterarbeit

- Ihr eigenes eBook und Buch - weltweit in allen wichtigen Shops

- Verdienen Sie an jedem Verkauf

Jetzt bei www.GRIN.com hochladen und kostenlos publizieren

Smart Data für Predictive Maintenance mithilfe von künstlichen neuronalen Netzen

Florian Haider

Bibliografische Information der Deutschen Nationalbibliothek:

Die Deutsche Nationalbibliothek verzeichnet diese Publikation in der Deutschen Nationalbibliografie; detaillierte bibliografische Daten sind im Internet über http://dnb.d-nb.de abrufbar.

ISBN: 9783346713995
Dieses Buch ist auch als E-Book erhältlich.

10.07.2022

Smart Data und neuronale Netze

SMART DATA FÜR PRÄDIKATIVE MAINTENANCE MITHILFE VON KÜNSTLICHEN NEURONALEN NETZEN

FLORIAN HAIDER

Inhaltsverzeichnis

I.   Abkürzungsverzeichnis

AOI	Automatische Optische Inspektion
CNN	Convolutional Neural Network
HMI	Human-Machine Interface
LSTM	Long-Short-Term-Memory
PM	Predictive Maintenance
RNN	Recurrent Neural Network

II.   Abbildungsverzeichnis

1. Einleitung

1.1 Einführung

Der digitale Wandel von Maschinen und Fertigungsanlagen schafft für die Industrie neue Optimierungspotenziale. Ein Bereich, der sich diese digitalen Informationen zu nutzen machen kann, ist die Instandhaltung. Diese sorgt durch Wartungen und Instandsetzungen von verschiedensten Fertigungsanlagen für einen reibungslosen Fertigungsablauf. In der Instandhaltung sorgen mangelnde Informationen über den Maschinenzustand oft für Schwierigkeiten bei der Fehlererkennung, Fehleridentifizierung oder Fehlerlokalisierung. Dies führt zu langen Maschinenausfallzeiten und entsprechend hohen Opportunitätskosten. Abhilfe für dieses Problem versprechen Datenanalyseverfahren, welche Maschinenzustandsdaten über Sensoren auswerten und nutzbar machen.[1] Durch diesen Einsatz können Anomalien frühzeitig erkannt werden. Dadurch ist eine prädikative Instandhaltung, auch Predictive Maintenence genannt, möglich. Eine Umfrage aus dem Jahr 2020 (Abbildung 1) zeigt, dass sich Unternehmen aus den genannten Gründen für den Einsatz von Predictive Maintenance entscheiden.

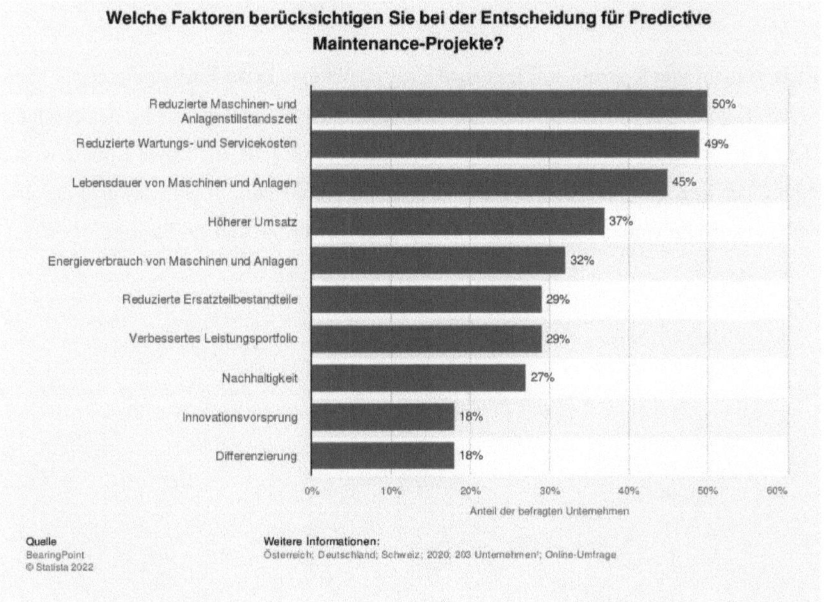

Abbildung 1: Entscheidungsfaktoren für Predictive Maintenance in Unternehmen im DACH-Raum 2020[2]

---

[1] Vgl. Wanner, et al., 2019
[2] BearingPoint, 2021

Die eingesetzten Datenanalyseverfahren zur PM werden unter anderem durch den Einsatz von neuronalen Netzen und entsprechendes maschinelles Lernen unterstützt. Dadurch können, durch den Abgleich der Echtzeitzustandsdaten mit den Vergangenheitswerten, frühzeitig Muster aufgedeckt werden.[3] Da der Mittelstand wenig Knowhow im Bereich der neuronalen Netze besitzt, gilt die Frage zu klären, welche Netze und Lernverfahren existieren und sinnvoll in einem Fertigungsumfeld eingesetzt werden können.

1.2 Ziel und Aufbau der Arbeit

Ziel der Arbeit ist die Erläuterung verschiedener neuronaler Netze und möglicher Lernverfahren. Anhand der Erläuterung sollte die mögliche sinnvolle Anwendung auf eine smarte Rotationswalze für die Herstellung von fein gewalzten Blechen diskutiert werden. Das neuronale Netz sollte dabei frühzeitig Abweichungen erkennen, die zu möglichen Schäden am Bauteil oder der Walze führen.

Die Arbeit baut auf vier Kapiteln auf. Das erste Kapitel gibt eine kurze Einführung in das Thema. Das zweite Kapitel behandelt verschiedene neuronalen Netze und mögliche Lernverfahren. Außerdem wird der Begriff Predictive Maintenance kurz vorgestellt. Im dritten Kapitel wird die Anwendung der in Kapitel zwei erläuterten Themen auf eine smarte Rotationswalze diskutiert. Abschließend wird im vierten Kapitel die Arbeit kritisch gewürdigt und ein Fazit gezogen.

---

[3] Vgl. Meinhardt & Wortmann, 2021, S.180

2. Smart Data

Smart Data lässt sich als Oberbegriff für den Prozess der Aufbereitung und Nutzung von digitalisierten Informationen und Daten (Big Data) verwenden. Nicht nur der Prozess, sondern auch daraus entstehende Produkte können unter dem Begriff Smart Data zusammengefasst werden.[4] Es geht also darum, aus dem Überfluss an Daten Erkenntnisse zu gewinnen und diese „smart" zu nutzen. Dieser Prozess kann durch neuronale Netze und deren Lernverfahren durchgeführt werden, welche folglich behandelt werden.

2.1 Neuronale Netze

Das klassische künstliche neuronale Netz ist ein informationsverarbeitendes System, bei denen die Funktionen und Strukturen des menschlichen Gehirns nachempfunden werden.[5]

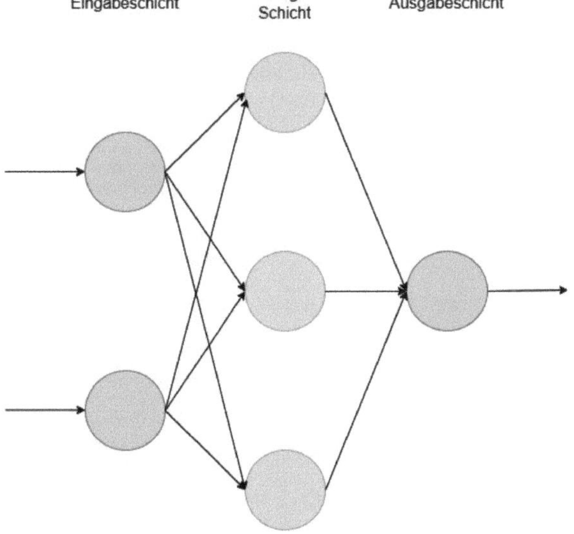

Abbildung 2: Vereinfachte Darstellung eines künstlichen neuronalen Netzes (Convolutional-Neural-Network)[6]

---

[4] Vgl. Springer Fachmedien Wiesbaden, 2015, S.81
[5] Vgl. Kruse, et al., 2015, S.7-8
[6] Eigene Darstellung

Künstliche neuronale Netze bestehen aus einer Eingabe- und Ausgabeschicht und haben keine, eine oder mehrere versteckte Schichten (siehe Abbildung 2). Die künstlichen Neuronen und ihre Verknüpfungen bilden dabei ein Netzwerk, welches zu verschiedenen Berechnungen genutzt werden kann. Signale kann das neuronale Netz empfangen, verarbeiten und entsprechend an das nächste Neuron weitergeleitet oder über die Ausgabeschicht ausgegeben werden. Eine Weitergabe der Signale kann durch Schwellenwerte beeinflusst werden. Wenn die Summe der empfangenen Signale der vorgelagerten Neuronen eine gewisse Schwelle überschreitet, wird das Signal an das anknüpfende Neuron weitergegeben, das Neuron „feuert".[7] Auf die gewichtete Summe der Signale wird in fast allen formalen Netzen eine Aktivierungsfunktion angewendet, welche die Eingabe in eine entsprechende Ausgabe umwandelt.[8] Die neuronalen Netze lassen für Regressions-, Klassifizierungs- und Clusteringproblemen verwenden. Nach der Netzstruktur kann man grundsätzlich zwischen zwei Typen von neuronalen Netzen unterschieden werden, den vorwärtsgetriebenen Netzen bzw. faltendes neuronales Netz (**convolutional neural network; CNN**) und den rekurrenten Netzen (**recurrent neural network; RNN**).[9]

2.1.1 Convolutional Neural Network

In Abbildung 2. ist ein klassisches feed-forward-network dargestellt. In einem solchen Netz gibt es keine Schleifen oder Rückkopplungen, sondern nur einen nach vorwärts gerichteten Signalfluss. Das Netz ist also azyklisch.[10] Die Informationen laufen also von der Eingabeschicht in Richtung Ausgabeschicht. Diese Art von neuronalen Netzen lösen verschiedenste Aufgaben, aber im Grunde sollten sie immer Eingabe verarbeiten und die Ausgabe entsprechend klassifizieren.[11] Diese Netze lernen meistens mithilfe des überwachten Lernens. Das zu erreichende Ziel wird beim überwachten Lernen mithilfe eines Zielvektors dargestellt. Ziel des Lernprozesses ist es, durch möglichst viele Trainingsdaten die Distanz zwischen dem Zielvektor und den Vektoren, die durch die Zustände der restlichen Neuronen des Netzes gebildet werden, zu minimieren.[12] Ist das Netz mithilfe der Trainingsdaten trainiert, wird dieses durch die Testdaten auf seine Funktionalität

---

[7] Vgl. Kersting, et al., 2019, S.152
[8] Vgl. Ertel, 2016, S.269
[9] Vgl. Kruse, et al., 2015, S.35
[10] Vgl. Kruse, et al., 2015, S.35
[11] Alexander Thamm GmbH, 2022
[12] Vgl. Klüver, et al., 2021, S.189

geprüft. Ein unüberwachtes Lernen wäre auch möglich. Bei diesem werden dem Netz Ähnlichkeiten und Zusammenhänge von verschiedenen Merkmalen gelernt. Dieses Lernverfahren wird hauptsächlich für das clustern von großen Datenmengen verwendet.[13]

Ein Praxisbeispiel hierfür wäre eine automatische optische Inspektion (AOI). Hier werden dem neuronalen Netz Bilder zum Beispiel von montierten Komponenten an Werkstücken angelernt. Dabei werden die Bilder vom Trainer als Gutteile klassifiziert. Nach der Anlernphase können innerhalb der Fertigungslinie nach der Endmontage die Werkstücke auf Vollständigkeit über die AOI geprüft werden. Hierbei wird ein Bild vom Werkstück gemacht und als Eingabe für das neuronale Netz verwendet. Das neuronale Netz prüft das Bild mit den Bildern aus dem Trainingspool. Stimmen die Bilder mit den gegebenen Anforderungen überein, so klassifiziert das neuronale Netz das Werkstück als Gutteil. Besteht keine Übereinstimmung, so muss das Bauteil in die Nacharbeit, da möglicherweise Komponenten fehlen.

---

[13] Vgl. Kersting, et al., 2019, S.26

Bei rekurrenten Netzwerken spricht man von neuronalen Netzen die vollständig vernetzt sind und komplexe Rückkopplungen haben.[14]

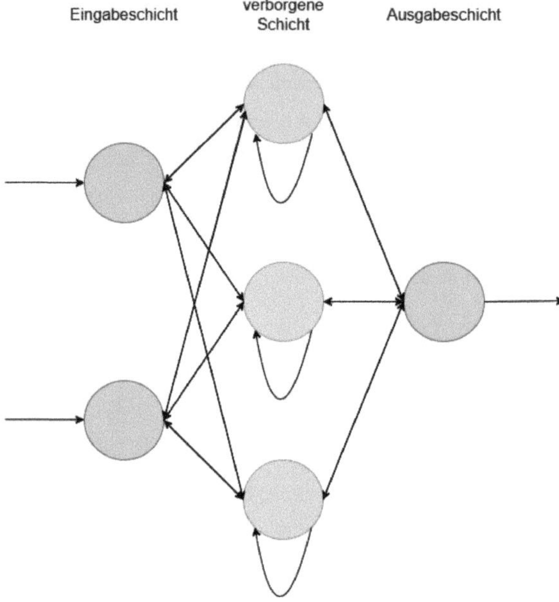

Abbildung 3: Vereinfachte Darstellung eines rekurrenten neuronalen Netzes (Recurrent Network)[15]

Abbildung 3 zeigt eine vereinfachte Darstellung eines rekurrenten neuronalen Netzes. Hier breitet sich die Aktivierung nicht nur von Schicht zu Schicht aus, sondern über die gesamte Matrix. Die Neuronen können sich, durch Selbstreferenzialität, auch selbst verstärken (Neuronen in der verborgenen Schicht in Abbildung 3). Diese Rekurrenz wird insbesondere bei interaktiven Netzwerken ausgenutzt.[16] Anwendung finden diese Netze beispielsweise in der Spracherkennung oder in der Verarbeitung natürlicher Sprache (Natural Language Processing). Dabei erkennen die Netze sequenzielle Merkmale von Daten und Muster, um mögliche nächste Szenarien vorherzusagen. Salopp ausgedrückt erhält das Netz ein „Gedächtnis", welches bei jedem neuen Signaldurchlauf lernt.

---

[14] Vgl. Ertel, 2016, S.271
[15] Eigene Darstellung
[16] Vgl. Klüver, et al., 2021, S.187

Rekurrente neuronale Netze nutzen als Lernverfahren die Backpropagation, bei dieser wird der Ausgabewert mit dem Zielwert verglichen und anhand der Abweichung der beiden Werte werden, die Gewichte innerhalb des Netzes angepasst.[17] Durch die Rückkopplungsschleifen können während des Lernprozesses sequenzielle und zeitliche Daten verarbeitet werden. Jedoch können einfache rekurrente Netzwerke keine weit entfernten oder zurückliegenden Informationen miteinander verknüpfen, was zu einem Problem in der Anwendung führen kann. Dieses Problem wird durch sogenannte LSTM (Long-Short-Term-Memory) - Zellen gelöst. Mithilfe dieser Zellen erhält das Netz neben den klassischen Eingängen und Ausgängen ein Merk- und Vergesstor. Somit kann das Netz Informationen aus früher gemachten Erfahrungen speichern und sich „erinnern".[18]

Ein einfaches praktisches Beispiel für den Einsatz von rekurrenten neuronalen Netzen ist die Wettervorhersage. Hier werden sequenzielle Merkmale oder Muster vom Netz aus den zur Verfügung stehenden Daten und Informationen aus der Vergangenheit verwendet. Anhand dieser findet das Netz gleiche oder ähnliche Muster und prognostiziert mit einer gewissen Wahrscheinlichkeit das zu erwartende Wetter.

2.2 Predictive Maintenance

Die predictive Maintenance ist ein Ansatz, mit dem ein potenzieller Defekt, an Anlagen oder Maschinen durch die Unterstützung von Smart Data, prognostiziert werden kann. Dadurch werden Ausfälle oder Folgeschäden verhindert. Das System meldet sich bei deinem drohenden Defekt selbstständig und gibt dem Nutzer oder dem Instandhalter frühzeitig die entsprechende Information.[19] Dazu müssen entsprechende Anlagen oder einzelne Komponenten mit Sensoren ausgerüstet werden, die kontinuierlich Informationen in Echtzeit liefern und mit einem Datensatz aus der Vergangenheit abgleichen, um Abweichungen festzustellen. Der Abgleich kann mittel neuronalem Netz erfolgen, welches im nächsten Kapitel anhand eines Fallbeispiels erörtert wird.

---

[17]Vgl. Wennker, 2020, S.26-27
[18] Luber & Litzel, 2019
[19] Vgl. Proff, 2021, S.638

3. Anwendung von Predictive Maintenance an einer smarten Rotationswalze

3.1 Systemaufbau

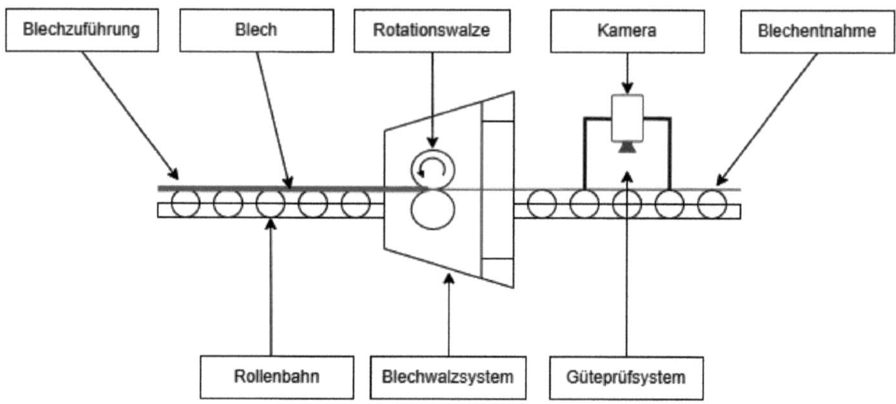

Abbildung 4: Schematische Darstellung der smarten Rotationswalze im Gesamtsystem[20]

Der Aufbau der smarten Rotationswalze ist in Abbildung 4. dargestellt. Das Blech von links nach rechts zugeführt. Die Zuführung wird mittels einer angetriebenen Rollenbahn durchgeführt. Die Zuführungsgeschwindigkeiten lassen sich entsprechend an die Blechdicke anpassen. Die Zuführung mündet im Blechwalzsystem. Das Blechwalzsystem besteht aus angetriebenen Rotationswalzen, die das Blech auf die gewünschte Dicke walzen. Außerdem ist das Blechwalzsystem mit mehreren Sensoren ausgestattet, die in Echtzeit Informationen über die Beschleunigung, Walztemperatur, Walzrundlauf, Drehmoment, usw. prüft und mit den Sollwerten vergleicht. Bei einer geringen Abweichung vom Soll wird über das Human-Machine interface (HMI) dem Maschinenbediener die Information dargestellt. Der Maschinenbediener kann eingreifen und die Abweichung beheben. Ist die Abweichung größer als die zugelassene Toleranz, läuft die Anlage auf Störung und muss entsprechend instandgesetzt werden. Dieser mögliche Ausfall wird aber nun durch den Einsatz eines neuronalen Netzes gelöst, welches auf die aufgenommenen Daten der Sensoren zugreift und Muster aus vergangen Schadensfällen frühzeitig erkennt. Bahnt sich ein möglicher Schaden an, so gibt das neuronale Netz die Information an den

---

[20] Eigene Darstellung

Maschinenbediener und den Instandhalter weiter. Dadurch können diese prädikativ eingreifen und einen möglichen Ausfall der Anlage verhindern. Das Blech wird nach dem Walzvorgang durch eine weitere angetriebene Rollenbahn zur Blechentnahme transportiert. Vor der Blechentnahme befindet sich noch ein Güteprüfsystem. Dieses System prüft mittels einer Kamera die Güte des Blechs. Die aufgenommenen Bilder der Kamera werden regelmäßig mit den Gutbildern aus der Datenbank überprüft. Wird hier eine Abweichung festgestellt, ist die Blechgüte nicht mehr akzeptabel und die Anlage läuft wiederum auf Störung. Dabei ist dieses System mehrschichtig, da das neuronale Netz, welches die Güte überprüft, wiederum an das neuronale Netz, welches Muster aus der Vergangenheit erkennen sollte, angebunden ist. Nach der Blechentnahme kann das Blech weiterverarbeitet werden.

3.2 Güteprüfsystem

Das Güteprüfsystem überwacht die Güte des Blechs mittels Bilderkennung. Dabei fungiert das System als ein optisches Prüfgerät. Die Funktionsweise des Güteprüfsystems und des neuronalen Netzes wurde bereits in Kapitel 2.1.1 dargestellt. Eine mögliche Anwendung wird durch die Abweichung in Abbildung 5. dargestellt.

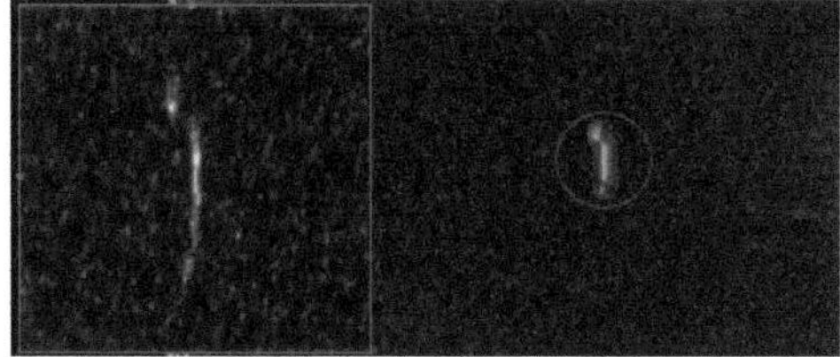

Abbildung 5: Darstellung einer Abweichung der Blechgüte. Die beschädigte Oberfläche wird rot markiert.[21]

Hierbei wurde eine Beschädigung der Oberfläche festgestellt, welche an den Maschinenbediener gemeldet wird.

Eine weiteres mögliches System, welches zur Güteprüfung eingesetzt werden kann, ist die hyperspektrale Bildgebung. Hierbei wird jeder Ortspunkt des Blechs mit bis zu 1000 spektralen

---

[21] Smartvision GmbH, 2022

Bändern beschrieben. Damit können Abweichungen in der Oberflächenreinheit, Materialhomogenität oder in der Schichtdicke festgestellt werden.[22]

Abbildung 6: Beispiel zur Hyperspektralen optischen Inspektion von Oberfläche und Schichten. links: Schichtdickenverteilung; rechts: Verteilung des Flächenwiderstands[23]

Abbildung 6. zeigt mögliche Aufnahmen durch das Inspektionsgerät mittels hyperspektraler Bildgebung. Informationen über Abweichungen werden nicht nur an den Maschinenbediener weitergegeben, sondern auch an das rekurrente neuronale Netz, welches auch die Daten im Blechwalzsystem überwacht. Bei ähnlichen Schichtdickenabweichungsmustern aus der Vergangenheit kann dem Bediener das damalige Problem mitgeteilt werden, welcher schneller oder prädikativ handeln kann.

---

[22] Vgl. Grählert, 2017, S.58
[23] Grählert, 2017

3.3 Neuronales Netz zur predictive Maintenance

Wie in den vorherigen Kapiteln beschrieben, besteht das neuronale Netz zur predictive Maintenance aus mehreren Schichten. Dabei sollten nicht nur Daten und Informationen aus den Sensoren des Blechwalzsystems geprüft werden, sondern auch Daten aus der Güteprüfung. Zur Anwendung kommt ein rekurrentes neuronales Netz mit LSTM-Zellen. Die Funktionsweise von rekurrenten neuronalen Netzen wurde bereits in Kapitel 2.1.2 besprochen. Der LSTM-Zelle bekommt im Anwendungsfall eine besondere Bedeutung. Denn die Anwendung ohne LSTM-Zelle wäre zur predictive Maintenance nicht möglich. Das neuronale Netz könnte ohne diese keine weit entfernten oder zurückliegenden Informationen miteinander verknüpfen. Ohne diese Verknüpfung ist eine Prognose des möglichen auftretenden Schadens anhand von aufgetretenen Mustern nicht möglich.

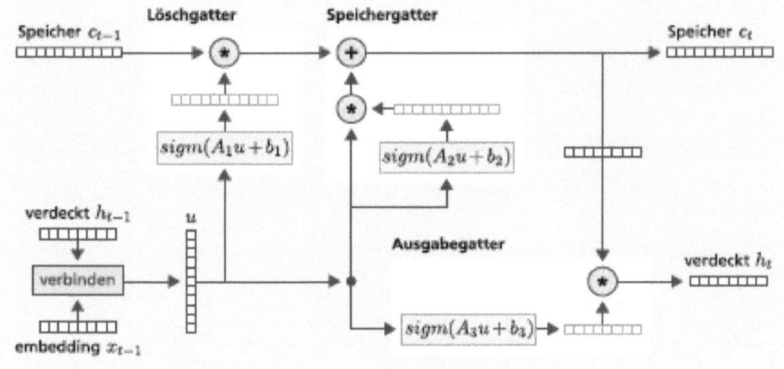

Abbildung 7: Schematische Darstellung einer LSTM-Zelle[24]

Abbildung 7. zeigt eine schematische Darstellung einer LSTM-Zelle. Im Speichergatter werden dabei nur für die predictive Maintenance relevante Vorfälle gespeichert. Hier kann beispielsweise die Zeitreihe, mit Informationen und Daten, von der ersten geringen Abweichung bis zum auftretenden Schaden gespeichert werden. Das Löschgatter kann alle irrelevanten Zeitreihen löschen. Außerdem kann durch das Training des Netzes bestimmt werden, wie lange eine Zeitreihe gespeichert werden sollte.[25] Dies kann zum Einsatz kommen, wenn sich Komponenten im

---

[24] Paaß & Hecker, 2020, S.191
[25] Vgl. Paaß & Hecker, 2020, S192

Blechwalzsystem ändern. Dabei können Zeitreihen, die in Verbindung mit diesen Komponenten stehen, gelöscht werden. Über das Ausgabegatter werden die Daten und Informationen regelmäßig ausgelesen und mit den Echtzeitdaten der Sensoren und dem optischen Prüfsystem verglichen. Treten neue Abweichung und für das neuronale Netz unbekannte Schäden auf, kann der Vorfall als neuer Trainingsdatensatz gespeichert werden. Somit wird sich mittelfristig ein Datensatz bilden, der alle möglichen Schadensfälle abdeckt. Ein Ausfall des Blechwalzsystems kann somit frühzeitig angekündigt werden und eine Instandhaltung der betroffenen Komponente ist frühzeitig möglich.

Zur Anwendung im System kommen also mehrere verschiedene neuronale Netze mit unterschiedlichen Lernverfahren. Die angewendeten Netze und Lernverfahren wurden in Kapitel 2. besprochen. Das Gesamtsystem ist ein mehrschichtiges neuronales Netz, welches verschiedene Architekturen kombiniert und die beschrieben Aufgabenstellung problemlos erfüllen kann. Man kombiniert im Anwendungsfall mehrere CNN-Layer, RNN-Layer und LSTM-Layer.

4. Kritische Würdigung der wissenschaftlichen Arbeit und Fazit

Die Aufgabenstellung der wissenschaftlichen Arbeit wurde grundlegend erfüllt. Die eingesetzten Komponenten wurden grob anwendungsbezogen erörtert. Wobei der Einsatz möglicher Algorithmen gänzlich fehlt. Dies hätte den praktischen Anteil und den gezeigten Einsatz im System ergänzen können. Des Weiteren wäre eine noch detaillierte Darstellung der neuronalen Netze und deren Lernverfahren angebracht gewesen, da diese nur oberflächlich behandelt wurden. Außerdem hätten einzelne Sensoren, die im praktischen Anwendungsfall zum Einsatz kamen, vorgestellt werden können. Die praktische Anwendung hätte durch einen realen Anwendungsfall in der Industrie ergänzt werden können. Dennoch konnten die Inhalte, trotz des beschränkten Seitenumfangs plausibel und durch empirische Beweise dargestellt werden.

Die predictive Maintenance wird auch in den kommenden Jahren den mittelständischen Unternehmen große Chancen zur Effizienzsteigerung durch Ausfallreduzierung bieten. Durch den voranschreitenden technologischen Fortschritt, wird auch die Eintrittsbarriere (Kosten, Knowhow) deutlich gesenkt. Auch die vorhandenen Datenmengen die Anlagenbezogen zur Verfügung stehen nehmen stetig zu. Dadurch wird die Anwendung von predictive Maintenance zum Standard in der Industrie werden. Jedoch darf nicht vergessen werden, dass diese Techniken zum Lösen praktischer Probleme entwickelt wurden und nicht um das menschliche Denken zu imitieren.[26] Deshalb wird die künstliche Intelligenz den Menschen nicht gänzlich ersetzen, sondern stets als unterstützendes System agieren.

---

[26] Vgl. Paaß & Hecker, 2020, S.78

III. Literaturverzeichnis

Alexander Thamm GmbH, 2022. *alexanderthamm.* [Online]
Available at: https://www.alexanderthamm.com/de/data-science-glossar/feedforward-neural-network/
[Zugriff am 07 Juli 2022].

BearingPoint, 2021. *Statista.* [Online]
Available at: https://de-statista-com.gw.akad-d.de/statistik/daten/studie/1237602/umfrage/entscheidungsfaktoren-fuer-predictive-maintenance-in-unternehmen-im-dach-raum/
[Zugriff am 7 August 2022].

Ertel, W., 2016. *Grundkurs Künstliche Itelligenz: Eine praxisorientierte Einführung.* 4. Hrsg. s.l.:Springe Vieweg Verlag.

Grählert, W., 2017. 100%-Inspektion von Oberflächen und Schichten. *JOT Journal für Oberflächentechnik*, 27 Juli, pp. 57-58.

Hierzer, R., 2017. *Prozessoptimierung 4.0: Den digitalen Wandel als Chance nutzen.* 1. Hrsg. s.l.:Rudolf Haufe Verlag.

Kersting, K., Lampert, C. & Rothkopf, C., 2019. *Wie Maschinen lernen: Künstliche Intelligenz verständlich erklärt.* s.l.:Springer Verlag.

Klüver, C., Klüver , J. & Schmidt, J., 2021. *Modellierung komplexer Prozesse durch naturanaloge Verfahren: Künstliche Intelligenz und Künstliches Leben.* 3. Hrsg. s.l.:Springer Vieweg Verlag.

Kruse, R. et al., 2015. *Computational Intelligence: Eine methodische Einführung in Künstliche Neuronale Netze, Evolutionäre Algorithmen, Fuzzy-Systeme und Bayes-Netze.* 2. Hrsg. s.l.:Springer Vieweg Verlag.

Luber, S. & Litzel, N., 2019. *Bigdata Insider.* [Online]
Available at: https://www.bigdata-insider.de/was-ist-ein-rekurrentes-neuronales-netz-rnn-a-843274/
[Zugriff am 9 Juli 2022].

Meinhardt, S. & Wortmann, F., 2021. *IoT-Best Practices: Internet der Dinge, Geschäftsmodellinnovationen, IoT-Plattformen, IoT in Fertigung und Logistik.* s.l.:Springer Vieweg Verlag.

Paaß, G. & Hecker, D., 2020. *Künstliche Intelligenz: Was steckt hinter der Technologie der Zukunft?.* s.l.:Springer Vieweg Verlag.

Proff, H., 2021. *Making Connected Mobility Work: Technische und betriebswirtschaftliche Aspekte.* s.l.:Springer Gabler Verlag.

Smartvision GmbH, 2022. *smartvision-gmbh.* [Online]
Available at: https://www.smartvision-gmbh.de/de/komponenten.php
[Zugriff am 10 Juli 2022].

Springer Fachmedien Wiesbaden, 2015. "Smart Data ist eine wesentliche Voraussetzung zur Lösung wirtschaftlicher Herausforderungen". *Wirtschaftsinformatik & Management,* Issue 7, pp. 80-84.

Wanner, J., Herm, L.-V., Hartel, D. & Janiesch, C., 2019. Verwendung binärer Datenwerte für eine KI-gestützte Instandhaltung 4.0. *HMD Praxis der Wirtschaftsinformatik*, 17 September, pp. 1268-1281.

Wennker, P., 2020. *Künstliche Intelligenz in der Praxis: Anwendung in Unternehmen und Branchen: KI wettbewerbs- und zukunftsorientiert einsetzen.* s.l.:Springer Gabler Verlag.

BEI GRIN MACHT SICH IHR WISSEN BEZAHLT

- Wir veröffentlichen Ihre Hausarbeit,
  Bachelor- und Masterarbeit

- Ihr eigenes eBook und Buch -
  weltweit in allen wichtigen Shops

- Verdienen Sie an jedem Verkauf

Jetzt bei www.GRIN.com hochladen
und kostenlos publizieren